欢迎来到
怪兽学园

_____ 同学，开启你的探索之旅吧！

本册物理学家

阿基米德

献给所有充满好奇心的小朋友和大朋友。

——傅渥成

献给我的女儿豆豆和暄暄,以及一起努力的孩子们!

——郭汝荣

图书在版编目(CIP)数据

怪兽学园.物理第一课.1,阿基米德的邀请 / 傅渥成著;郭汝荣绘. —北京:北京科学技术出版社,2023.10
ISBN 978-7-5714-2964-5

Ⅰ. ①怪⋯　Ⅱ. ①傅⋯ ②郭⋯　Ⅲ. ①物理-儿童读物　Ⅳ. ① Z228.1

中国国家版本馆 CIP 数据核字(2023)第 044307 号

策划编辑: 吕梁玉	**电　话:** 0086-10-66135495(总编室)
责任编辑: 张　芳	0086-10-66113227(发行部)
封面设计: 天露霖文化	**网　址:** www.bkydw.cn
图文制作: 沈学成　杨严严	**印　刷:** 北京利丰雅高长城印刷有限公司
责任印制: 李　茗	**开　本:** 720 mm×980 mm　1/16
出 版 人: 曾庆宇	**字　数:** 28 千字
出版发行: 北京科学技术出版社	**印　张:** 2.25
社　址: 北京西直门南大街 16 号	**版　次:** 2023 年 10 月第 1 版
邮政编码: 100035	**印　次:** 2023 年 10 月第 1 次印刷
ISBN 978-7-5714-2964-5	

定　价: 200.00 元(全 10 册)

怪兽学园 物理第一课

1 阿基米德的邀请

力学　　傅渥成◎著　　郭汝荣◎绘

北京科学技术出版社
100层童书馆

暑假的一天，阿成和飞飞都收到了一封邀请函，原来是阿基米德邀请他们到家里做客。于是，他们约定一同前往。

阿成和飞飞按照邀请函上的地点，
来到了一座豪华住宅外。

前来做客的还有他们班的其他同学。
阿基米德已经在家里等候多时。

阿基米德的家充满了浓郁的希腊风情，庭院中央是美丽的喷泉，周围的花草被修剪成各种精美的造型。

4

"欢迎来我家做客！"阿基米德热情地说，"我在后花园里为大家准备了丰盛的下午茶。"说完，他便带着小怪兽们向后花园走去。

阿基米德家的后花园里有各式各样的游乐设施，其中还有一个超大泳池。大家激动极了！

浮力

救生圈受到了向上的浮力。

浮力

　　浸在液体中的物体会受到竖直向上的力，这个力叫作浮力。

比水轻的物体才能浮在水面上。例如，木头可以浮在水面上，就是因为一定体积的木头比同样体积的水轻。充满气体的救生圈也比同样体积的水轻，所以也可以浮在水面上。

等等！那轮船那么重，为什么也可以浮在水面上？

这是个好

看来，是我太重了。

钢材　　　　　　　　轮船

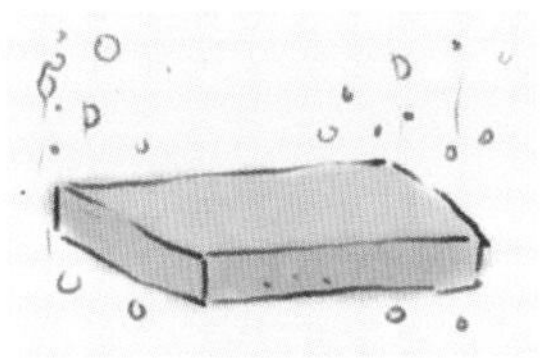

实心　　　　　　　　**空心**

　　是啊，用钢材制成的轮船又大又重，肯定比阿成重得多，为什么也能在浮在水面上呢？

　　"实心的钢材当然会沉到水底，可是如果我们把相同重量的钢材制成空心的，它的体积增大了，它就有可能浮在水面上了！"阿基米德笑着说。

阿基米德拿来一个铁块扔进泳池，铁块瞬间沉到了池底。他又拿来一个重量相同的铁罐扔进泳池。虽然铁罐看上去比铁块大了很多，但它却浮在了水面上。

阿基米德坐进装满水的浴缸，浴缸水漫了出来，这些漫出来的水就是阿基的身体排开的水。这些水所受的重力，于阿基米德受到的浮力。

物体排开的水的体积越大，它受到的浮力也越大。

阿基米德原理

浸在液体中的物体受到竖直向上的浮力，浮力的大小等于它排开的液体所受的重力。

如图，对漂浮在水面上的船而言，它所受到的浮力等于它自身受到的重力和所载货物受到的重力之和。而船自身受到的重力不变，所以船受到的浮力越大，能装载的货物就越多。

根据阿基米德原理，船受到的浮力等于船排开的水所受的重力。也就是说，船排开的水越多，受到的浮力就越大，那么可装载的货物就越多。所以，人们常常用排水量衡量船的载重能力。

浮力

重力

飞飞和阿成发现了不远处的秋千。

阿成的力气很大，他推得飞飞荡得又快又高，飞飞开心极了。

阿成自己呢，却忸忸怩怩的，不敢上去荡秋千，他担心自己太重，会把秋千荡垮。

阿基米德看出了阿成的担心。

阿成的担心不无道理。当我们坐在秋千上的时候，
是秋千的绳子提供的拉力在平衡我们所受的重力。
而绳子内部还有张力。

张力

　　张力通常出现在绳子的内部，它会让绳子紧绷和伸长。
如果张力过大，绳子就可能被拉断。

又是力！

没错！只要你们多留意，
就会发现生活中处处都有力。

飞飞从秋千上下来了。她想和阿成一起玩，于是拉着他去远处放风筝。两只小怪兽配合默契，风筝很快就飞上了天。

阿基米德，你说生活中处处都有力，那风筝飞上天又和什么力有关呢？

风给了风筝升力，是升力让风筝飞了起来。

空气把风筝向上推的力是升力，空气把飞机向上推的力也是升力。

哈哈，氢气球和风筝可不一样。

我知道了，氢气球能飞起来也是因为受到了升力的作用。

氢气球能飞上天是因为受到了浮力，这和我们刚才提到的轮船能漂浮在水面上的原理是一样的。因为气球里面的气体比空气轻，所以它们能飞到空中。

空气中的物体受到的向上的力也是浮力。

阿基米德家后花园里的游乐设施简直太多了！这会儿，阿成和飞飞又玩起了蹦床，他们跳来跳去，累得满头大汗也不愿停下来。

这是弹力在起作用。

弹力

物体发生形状变化时产生的使物体恢复原状的作用力，叫作弹力。蹦床会随着人的跳动不断发生形状变化，又不断恢复到原来的状态，这样就产生了弹力。

阿成，快来呀！

眨眼间，飞飞就扇动翅膀飞上了旁边的树屋。阿成急忙从蹦床上下来，想去找飞飞。可是，他没有翅膀，只能往树上爬。

虽然你没有翅膀，但是你可以借助摩擦力爬树呀！

你看，你爬树的时候，手和脚摩擦树干产生了摩擦力。

摩擦力

两个相互接触的物体，当有相对运动或有相对运动趋势时，在接触面上产生的阻碍运动的作用力叫作摩擦力。爬树过程中，手脚有向下运动的趋势，因此受到向上的摩擦力。

不是说有摩擦力吗？

你别忘了，还有重力呀！

　　阿基米德话音未落，阿成就从树上摔了下来。所幸地面上有柔软的沙，他没有受伤。这个滑稽的场面惹得大家笑出了声。

重力

　　由于地球的吸引而使物体受到的力叫作重力。

阿成站起来拍了拍屁股，柔软的沙土上留下了一个清晰的屁股印。

你们快看，这也是力造成的！

哈哈哈哈，这是阿成的屁股对沙土的压力造成的。

压力

压力是物体所承受的与表面垂直的作用力。同样大的压力，受力面积越小，作用效果越明显。

随后，两只小怪兽又玩起了跷跷板。因为阿成比飞飞重很多，所以跷跷板一直倒向阿成一侧。体重终于成了阿成的优势，阿成十分自豪。

然而，飞飞不甘示弱，她小心翼翼地向后挪动身体。慢慢地，跷跷板动了。

随着飞飞的身体越挪越远，阿成那端缓缓翘了起来。

　力作用在不同的地方，会产生完全不同的效果。

杠杆的平衡

　　跷跷板就是一种杠杆，它的支点在正中间。如果在杠杆两边到支点等距离的位置放重量相同的物体，那么杠杆可以保持平衡。如果在杠杆两端到支点等距离的位置放重量不同的物体，那么物体重的一端会下倾。如果在杠杆两端到支点距离不等的位置放重量相同的物体，那么物体离支点远的一端会下倾。

阿基米德家的后花园可真好玩，每只小怪兽都玩得不亦乐乎。不知不觉中，太阳落山了，天渐渐暗了下来。该回家了。

和阿基米德告别时，飞飞突然有了新发现。

隔着栅栏，小怪兽们和阿基米德看到隔壁爱迪生家的院子里放着各种各样的电动玩具。爱迪生欣然打开大门，邀请他们进去看看。

27

这些玩具的工作原理同样和力有关，它们受到了电场力和磁力的作用。电场力和磁力的施力物体和受力物体即使不接触，也能发生相互作用。

没错没错，所有的这一切都离不开力的作用。

磁铁间的磁力

　　磁铁分为南极和北极（通常分别记作S极和N极），南极会吸引北极，北极会吸引南极，但是南极和南极、北极和北极之间相互排斥。

　　如图，将一块磁铁悬挂起来，然后拿另一块磁铁去靠近这块磁铁，虽然两块磁铁之间没有直接接触，但是磁铁之间仍然可以产生排斥力或者吸引力。

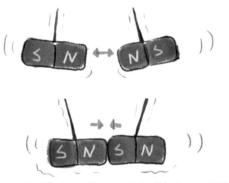

同名磁极相互排斥，异名磁极相互吸引。

"力学之父"阿基米德

据说，叙拉古的赫农王请工匠做了一顶黄金王冠。但有人向国王告密，说王冠不是纯金的，工匠贪污了国王的金子。于是，国王请阿基米德在不损坏王冠的前提下检验它是否是纯金的。阿基米德苦苦思索了几天都毫无头绪。有一天，他洗澡时发现自己一坐进浴缸，浴缸里的水就溢了出来。他灵机一动：溢出来的水的体积应该正好等于他身体的体积，依据相同的原理就可以精确测量不规则物体的体积了。阿基米德想到这里，不禁高兴地从浴缸中跳了出来，光着身体边跑边喊着："我知道了！我知道了！"

阿基米德准备了两个一样的木盆，都装满水，分别放入王冠和一块金砖——和制作王冠的那块完全一样。他发现放入王冠的木盆里溢出的水比放入金砖的木盆里溢出的水多很多。

所以，王冠的体积大于金砖的体积，这就说明王冠在打造的过程中很可能加入了其他物质！

你明白了吗？